Sitzungsberichte
der Akademie der Wissenschaften
der DDR

Jahrgang 1974 · Nr. 1

Konstituierende Tagung des Wissenschaftlichen Rates
für ökonomische Fragen des wissenschaftlich-technischen Fortschritts
am 8. Februar 1974

Ökonomische Fragen des wissenschaftlich-technischen Fortschritts

Verantwortlich:
Akademiemitglied Prof. Dr. sc. oec. H. KOZIOLEK
Vorsitzender des Wissenschaftlichen Rates
für die wirtschaftswissenschaftliche Forschung
bei der Akademie der Wissenschaften der DDR

AKADEMIE-VERLAG · BERLIN
1974

Herausgegeben im Auftrage des Präsidenten
der Akademie der Wissenschaften der DDR
von Vizepräsident Prof. Dr. Heinrich Scheel

Erschienen im Akademie-Verlag, 108 Berlin, Leipziger Str. 3—4

Lizenznummer 202 · 100/298/74
Gesamtherstellung: VEB Druckhaus „Maxim Gorki“, DDR-74 Altenburg
Bestellnummer: 752 665 9 (2010/74/1 · LSV: 0305
Printed in GDR
EVP 2,—

Am 8. Februar 1974 fand in Berlin die konstituierende Tagung des Wissenschaftlichen Rates für ökonomische Fragen des wissenschaftlich-technischen Fortschritts, der dem Wissenschaftlichen Rat für die wirtschaftswissenschaftliche Forschung bei der Akademie der Wissenschaften der DDR zugeordnet ist und in seinem Rahmen arbeitet, statt.

An der konstituierenden Sitzung nahmen das Mitglied des Zentralkomitees der SED und Stellvertreter des Vorsitzenden des Ministerrates der DDR Dr. Herbert Weiz, der Präsident der Akademie der Wissenschaften der DDR Prof. Dr. Hermann Klare sowie weitere namhafte Gäste teil.

Prof. Dr. Helmut Koziolek, Vorsitzender des Wissenschaftlichen Rates für die wirtschaftswissenschaftliche Forschung bei der Akademie der Wissenschaften der DDR, überreichte den Mitgliedern des neu gebildeten Wissenschaftlichen Rates die Berufungsurkunden. Er berief Prof. Dr. Herbert Kusicka zum Vorsitzenden und Prof. Dr. Harry Nick zum stellvertretenden Vorsitzenden des Wissenschaftlichen Rates für ökonomische Fragen des wissenschaftlich-technischen Fortschritts.

Inhaltsverzeichnis

H. Weiz

Die Rolle des wissenschaftlich-technischen Fortschritts bei der Lösung der Hauptaufgabe des VIII. Parteitages der SED und die Anforderungen an die wirtschaftswissenschaftliche Forschung zu Fragen des wissenschaftlich-technischen Fortschritts

An die Arbeit des Wissenschaftlichen Rates für ökonomische Fragen des wissenschaftlich-technischen Fortschritts, der heute seine Arbeit aufnimmt, sind hohe Erwartungen geknüpft.

Sie ergeben sich aus dem Rang, den der wissenschaftlich-technische Fortschritt bei der weiteren erfolgreichen Verwirklichung der Beschlüsse des VIII. Parteitages einnimmt, und aus den Ansprüchen, die von Partei und Regierung an Wissenschaft und Technik gestellt sind.

Die Ergebnisse der wissenschaftlich-technischen Arbeit sind wesentliche Voraussetzungen für die Verwirklichung des sozialpolitischen Programms, für das dazu erforderliche hohe Entwicklungstempo der sozialistischen Produktion und das Wachstum der Arbeitsproduktivität auf dem Wege der intensiv erweiterten Reproduktion.

Genosse E. Honecker forderte:

„Unser langfristiges ökonomisches Wachstum muß getragen werden von einer durchgreifenden und anhaltenden Beschleunigung der wissenschaftlich-technischen Entwicklung.

Wissenschaft und Produktion noch wirksamer zu verbinden, die schöpferische Arbeit an den für die Wirtschaft notwendigen Erkenntnissen zu forcieren und die Meisterschaft zu entwickeln, dieses Wissen rasch und gründlich zu nutzen – das alles ist hier eingeschlossen." (9. Pleum des ZK der SED, Berlin 1973, S. 39–40.) Die Wirtschaftspolitik des VIII. Parteitages und der Arbeitselan der Werktätigen haben die Volkswirtschaft konsolidiert und zu einem beachtlichen ökonomischen Aufschwung geführt.

Bei wichtigen Kennziffern des Fünfjahrplanes wurden die Ziele, die bis Ende 1973 zu erreichen waren, übererfüllt, und zwar

- das produzierte Nationaleinkommen mit 101%
- die industrielle Warenproduktion mit 100,8%
- die Akkumulation mit 109,3%
- der Warenfonds mit 101,6%

An diesen Ergebnissen haben Wissenschaft und Technik einen wesentlichen Anteil.

Es wurden beispielsweise seit dem VIII. Parteitag über 9 000 neu- und weiterentwickelte Erzeugnisse in die Produktion überführt.

Ihr Produktionswert betrug allein im jeweiligen Einführungsjahr über 14 Mrd. Mark.

Neu- und Weiterentwicklungen auf dem Gebiet der Technologie haben entscheidend mit dazu beigetragen, daß im Durchschnitt der Industrie die Arbeitszeit für die entsprechenden Erzeugnisse um 10% vermindert werden konnte.

Grundlage für gute Ergebnisse in der wissenschaftlich-technischen Arbeit waren auch die Maßnahmen, die zur Verbesserung der Leitung und Planung von Wissenschaft und Technik getroffen wurden.

Mit der konkreteren Planung der Überleitung, der Erhöhung der Qualität und der Standardisierung sowie einer vereinfachten Abrechnung wurden eine bessere Überschaubarkeit und damit gute Kontrollmöglichkeiten für die Erfüllung der Planziele geschaffen.

Es erfolgte die bessere Orientierung der Forschungs- und Entwicklungsarbeiten auf volkswirtschaftliche Schwerpunkte wie die Energieerzeugung, die Sicherung der Roh- und Werkstoffbasis, die Konsumgüterproduktion und die Rationalisierung der Be- und Verarbeitungstechnologien.

Überspitzte Aufgabenstellungen in der wissenschaftlich-technischen Arbeit wurden verändert.

Der Plan Wissenschaft und Technik rückte – infolge der zielgerichteten politisch-ideologischen Arbeit der Parteiorganisationen und der zentralen Staatsorgane – stärker in den Vordergrund der Leitungstätigkeit der Generaldirektoren und Werkleiter.

Gewachsen ist das Bemühen der Wissenschaftler, Techniker und Ingenieure, mit den notwendigen wissenschaftlich-technischen Leistungen zur Lösung der anspruchsvollen Aufgaben des Fünfjahrplanes beizutragen.

Breiter und wirkungsvoller hat sich die sozialistische Gemeinschaftsarbeit zwischen Arbeitern und der Intelligenz bei der Überleitung wissenschaftlich-technischer Ergebnisse in die Produktion, bei der gemeinsamen Lösung von Rationalisierungsaufgaben entwickelt.

Der Jahresnutzen aus Neuerungen ist ständig gewachsen. Er beträgt für die ersten 3 Jahre des gegenwärtigen Fünfjahrplanes insgesamt ca. 9,7 Mrd. Mark.

Dieser Nutzen schlug sich in erster Linie in niedrigeren Selbstkosten, in Einsparungen an vorgesehenen Investitionsmitteln und in höherer Produktion nieder.

All das ist sehr erfreulich, aber es ist noch eine ganze Reihe von Problemen zu lösen.

Wohl wie auf keinem anderen Gebiet stehen in Wissenschaft und Technik hervorragende Ergebnisse und unerfüllte Aufgaben nebeneinander.

Auf Grund von Problemen bei der Durchführung wissenschaftlich-technischer Aufgaben mußten im Laufe des vergangenen Jahres Planpräzisierungen vorgenommen werden.

Sie beruhten nur zu einem geringen Teil auf negativen Ergebnissen beim eingeschlagenen wissenschaftlichen Lösungsweg. Hingegen wurde die Mehrzahl der Veränderungen durch nichtgesicherte materiell-technische Zulieferungen und Investitionen sowie oberflächliche Planvorbereitung verursacht.

So sehr wir uns einerseits freuen, daß der Anteil der Erzeugnisse mit der höchsten Qualitätsstufe „Q“ seit dem VIII. Parteitag auf 13,7% der prüfpflichtigen Warenproduktion gesteigert wurde, dürfen andererseits die Ausschuß-, Nacharbeits- und Garantiekosten nicht übersehen werden, die im Jahre 1973 angefallen sind.

Damit Wissenschaft und Technik wirklich zur Hauptquelle höherer Effektivität werden, sind also überall in unserer Wirtschaft größere Anstrengungen erforderlich.

Der Staatsplan Wissenschaft und Technik 1974 enthält 72 komplexe Aufgaben und 351 Überleitungsaufgaben.

Sie sind insbesondere auf die Erhöhung der Qualität der Erzeugnisse sowie auf die Weiterentwicklung von Technologien und Verfahren gerichtet.

Ihre Verwirklichung wird vom Ministerrat geleitet und kontrolliert.

Bei der Vorbereitung und dem Anlauf der Arbeiten des Planes Wissenschaft und Technik 1974 wurden die Erfahrungen der Vorjahre gründlich ausgewertet.

Die gesamte wissenschaftlich-technische Arbeit ist genauer auf die Erfordernisse zur Steigerung der Effektivität der Wirtschaft ausgerichtet.

Gute Bedingungen sind gegeben, ihn nach Terminen und Leistungen allseitig zu erfüllen.

Das wird umso mehr notwendig sein, als hohe volkswirtschaftliche Zielstellungen mit dem Plan 1974 verbunden sind.

Die industrielle Warenproduktion soll um 6,7% und die Arbeitsproduktivität um 6% steigen.

Dazu ist erforderlich, daß 60% des Zuwachses an Arbeitsproduktivität durch wissenschaftlich-technische Leistungen erbracht werden.

Das bedeutet, daß durch wissenschaftlich-technische Maßnahmen die Arbeitszeit von 50 000 Arbeitskräften einzusparen ist.

Wie sehr die Werktätigen die Erfüllung dieser Anforderungen an die Nutzung des wissenschaftlich-technischen Fortschritts zu ihrer ureigensten Sache gemacht haben, findet im Wettbewerb 1974, in dem mit hohen Leistungen der 25. Jahrestag unserer Republik geehrt werden soll, überzeugenden Ausdruck.

In den Gegenplänen dieses Jahres wird den Zielstellungen zur vorfristigen Lösung wichtiger Überleitungsaufgaben und zur Sicherung einer hohen Qualität besonderer Wert beigemessen.

Zu den guten Voraussetzungen für die Erfüllung der Pläne Wissenschaft und Technik zählt auch das erreichte Niveau der wissenschaftlich-technischen Zusammenarbeit mit der UdSSR und den anderen RGW-Ländern.

Die Lösung der ökonomischen Probleme, zu denen die RGW-Länder immer enger zusammenwirken, wie die Deckung des Brennstoff- und Energiebedarfs, die Sicherung der notwendigen Rohstoffe, die Spezialisierung und Kooperation der Maschinenbau- und Konsumgüterproduktion, ist immer mit der wissenschaftlich-technischen Zusammenarbeit verbunden.

Insbesondere die reichen Erfahrungen der Sowjetunion, nicht zuletzt die hervorragenden Ergebnisse der sowjetischen Wissenschaft und Technik sind uns stets eine unschätzbare Hilfe. Davon konnten sich hunderttausende Bürger unserer Republik wiederum zu den Tagen der sowjetischen Wissenschaft und Technik in der DDR anschaulich überzeugen.

In der wissenschaftlich-technischen Zusammenarbeit mit der UdSSR wurden in wachsendem Umfang solche Probleme in Angriff genommen, die das Tempo der Wirtschaftsentwicklung unserer beider Länder wesentlich beeinflussen.

Dazu zählen die Arbeiten zur Vereinheitlichung der staatlichen Standards.

Das ihnen zugrunde liegende Regierungsabkommen ist nur zwischen sozialistischen Staaten möglich.

Es zeigt Ausmaß und Tiefe der brüderlichen Zusammenarbeit zwischen unseren beiden Ländern.

Die Verwirklichung eines solchen Abkommens macht die Vorzüge des Sozialismus deutlich sichtbar.

Auf der vor kurzem stattgefundenen 15. Tagung der Ständigen Unterkommission für wissenschaftlich-technische Zusammenarbeit DDR/UdSSR wurde durch Vereinbarungen auf dem Gebiet der Metrologie, d. h. des Meßwesens und der Meßtechnik, ein weiterer bedeutsamer Schritt zur Integration unternommen.

Gerade für die Ausdehnung der Spezialisierung und Kooperation der Produktion und für die Sicherung einer stabilen Erzeugnisqualität bilden einheitliche Grundsätze und Verfahren des Messens sowie eine kompatible Meßtechnik eine unabdingbare Voraussetzung.

Das gilt besonders für die Bauteil- und Baugruppenspezialisierung, deren Bedeutung ergänzend zu der arbeitsteiligen Produktion von Finalerzeugnissen immer mehr zunimmt.

Die von der UdSSR und der DDR vorgesehenen Arbeiten werden gleichzeitig zur Beschleunigung der Integration mit den anderen RGW-Ländern beitragen.

Einige Probleme der volkswirtschaftlichen Wirksamkeit von Wissenschaft und

Technik, zu denen von der wirtschaftswissenschaftlichen Forschung im kommenden Zeitraum gültige Antworten mit erwartet werden, sollen hier aufgeworfen werden.

Offensichtlich ist, daß Wissenschaft und Technik die ihnen von Partei und Regierung zugemessene Stellung nur einnehmen können, wenn in jedem Betrieb, in jedem Kombinat alle Werktätigen, ob Leiter, Konstrukteur, Technologe oder Produktionsarbeiter, Wege und Mittel zur Lösung ihrer ökonomischen Aufgaben in erster Linie im wissenschaftlich-technischen Fortschritt sehen.

Zwangsläufig resultiert daraus die Frage:

Wie ist zu erreichen, daß vor allem die Leiter in den Betrieben und Kombinaten darauf drängen, neue wissenschaftliche Erkenntnisse einzusetzen

- für die Erhöhung der Arbeitsproduktivität,
- für die Schaffung kostengünstiger und attraktiver Erzeugnisse, die auch im Export gefragt sind,
- für die Lösung komplizierter Materialversorgungsfragen?

Noch werden von manchen Leitern die Möglichkeiten, die der wissenschaftlich-technische Fortschritt zur Erfüllung der ökonomischen Zielstellungen ihrer Betriebe bietet, als sehr unsicher angesehen, zumindest unsicherer als die Erfüllung zusätzlicher Forderungen nach Arbeitskräften und Investitionen.

Was ist zu tun, damit nicht nur ein Teil, sondern alle Leiter in dem Bewußtsein handeln, daß hohe ökonomische Ziele ohne eine anspruchsvolle wissenschaftlich-technische Arbeit nicht bzw. nur mit ungünstigen Konsequenzen für die gesamte Volkswirtschaft erreichbar sind?

Durch weitere Verbesserungen der Leitung, Planung, Organisation und der ökonomischen Stimulierung der wissenschaftlich-technischen Arbeit muß dieser Prozeß der Bewußtseinsbildung gefördert werden.

Von allen, die sich mit diesen Fragen zu beschäftigen haben, wird mehr erwartet als nur einige neue Formeln für die Planmethodik oder Hinweise für strukturelle Veränderungen in Wissenschaft und Technik.

Bei den weiteren Schritten zur Erhöhung der Wirksamkeit von Wissenschaft und Technik ist auszugehen von der untrennbaren Einheit der Leitung, Planung, Organisation und ökonomischen Stimulierung. Es geht also nicht um irgendwelche Rechenkünste bzw. einzelne Hebel. Dazu gibt es sicher viele Vorstellungen.

Es ist aber zum gegenwärtigen Zeitpunkt nicht gerechtfertigt, schon von allseits befriedigenden, über mehrere Jahre gültigen Lösungen zu sprechen.

Was erreicht werden muß, ist die richtige Einbeziehung des Planes Wissenschaft und Technik in die Bewertung der betrieblichen Leistungen, sind begründete ökonomische Beurteilungen neuer Erzeugnisse, Verfahren und Technologien im Zuge der Vervollkommnung der gesamten wirtschaftlichen Rechnungsführung.

Gegenwärtig kann beispielsweise die Produktion neuer Erzeugnisse mit weniger Aufwand an lebendiger und vergegenständlichter Arbeit, höherer Qualität und volkswirtschaftlichem Effektivitätsgewinn zu Schwierigkeiten bei der Planerfüllung der Warenproduktion und der Arbeitsproduktivität führen. Wer ist dann von vornherein interessiert, die ausgeklügeltsten Konstruktionen, die bestmöglichen Technologien im Hinblick auf geringsten Arbeits- und Materialaufwand für neue Erzeugnisse anzustreben?

Voranhelfen könnte hier eine stärkere Berücksichtigung qualitativer Kennziffern in den Plänen, wie z. B. die jeweils auf eine Einheit Warenproduktion bezogenen Aufwände an lebendiger und vergegenständlichter Arbeit oder an Rohstoffen.

Sicher sind auch Probleme der Preisbildung für neue Erzeugnisse weiter zu untersuchen.

Möglichkeiten gibt es viele und angebracht ist, sich noch bessere Kenntnisse über ihre Wirkungen auf die Ergebnisse von Wissenschaft und Technik zu verschaffen.

Insgesamt ist durch unsere politisch-ideologische Arbeit, durch Vervollkommnung der Leitung, Planung, Organisation und ökonomischen Stimulierung die Zuflucht zu den extensiven Mitteln der Erweiterung der Produktion weiter zu beschränken.

Vielmehr sind die Wege zur allseitigen Förderung und Nutzung der intensiven Faktoren des Wirtschaftswachstum, insbesondere des wissenschaftlich-technischen Fortschritts, verstärkt zu öffnen.

Es ist dem Sozialismus wesenseigen, daß alle Anstrengungen zur Steigerung der Effektivität der Produktion, zur Intensivierung mit Hilfe des wissenschaftlich-technischen Fortschritts auf planmäßiger Grundlage erfolgen und entsprechend geleitet werden.

Die wissenschaftlich-technische Arbeit der Forschungszentren, vor allem der Kombinate und Betriebe, durch den Plan in ihrem Inhalt, ihren organisatorischen Formen und ökonomischen Beziehungen fest mit der Produktion zu verbinden, schließt in erster Linie ein:

- die Ausrichtung der wissenschaftlich-technischen Arbeit auf die Schwerpunkte der Effektivitätsentwicklung der Produktion;
- die Festlegung der darauf beruhenden anspruchsvollen Ziele für die wissenschaftlich-technische Tätigkeit, unter Berücksichtigung der volkswirtschaftlichen Möglichkeiten;
- die breite volkswirtschaftliche Nutzung der wissenschaftlich-technischen Ergebnisse;
- die erforderliche Entwicklung und den effektiven Einsatz des wissenschaftlich-technischen Potentials.

Große Bedeutung kommt der richtigen Bestimmung der Ziele und des Inhaltes der wissenschaftlich-technischen Arbeit zu. Noch befriedigt der erreichte Stand der Widerspiegelung der volkswirtschaftlichen Erfordernisse nach höherer Effektivität in den Plänen Wissenschaft und Technik nicht vollkommen. Analysen besagen, daß in Forschungsstellen von Kombinaten und Betrieben immer noch Aufgaben bearbeitet werden, die nicht konsequent genug auf ein hohes Entwicklungstempo der Produktion zielen.

Es bedarf noch größerer wissenschaftlich-technischer Leistungen

- zur Versorgung der Bevölkerung mit hochwertigen technischen Konsumgütern und der Betriebe mit leistungsstarken Rationalisierungsmitteln,
- zur Verminderung des Arbeitszeitaufwandes und zur Einsparung von Arbeitsplätzen,
- zur Reduzierung des Roh-, Werkstoff- und Energieeinsatzes,
- zur Bereitstellung hochwertiger Exportprodukte und zur Reduzierung uneffektiver NSW-Importe.

Unser ganzes Augenmerk ist darauf gerichtet, die Differenz zwischen dem Erreichten und dem, was notwendig ist, Schritt für Schritt zu beseitigen.

Herauszuarbeiten, welche Wege dazu einzuschlagen sind, ist für die allernächste Zeit ein Hauptanliegen.

Eine wesentliche Voraussetzung ist die bessere Ermittlung des Bedarfs und der Effektivität, um die wissenschaftlich-technische Arbeit in richtiger Weise auf die gesellschaftlichen Bedürfnisse auszurichten.

Der Zusammenhang zwischen Ermittlungen zum Bedarf und zum Effektivitätsniveau einerseits sowie der Erzeugnisgestaltung und Erzeugnisqualität andererseits muß bei der Bestimmung der wissenschaftlichen Aufgaben noch konkreter erfaßt werden. Hierfür wird das inhaltliche und methodische Rüstzeug benötigt.

Nach wie vor sind hartnäckige Anstrengungen erforderlich, damit Zielstellungen und ökonomische Vorgaben der wissenschaftlich-technischen Arbeit von vornherein die richtige Orientierung geben.

Hohe Effektivität der wissenschaftlich-technischen Arbeit wird umso eher erreicht, je genauer die Zielstellungen auf die Schwerpunkte im jeweiligen Bereich gerichtet sind, beispielsweise je exakter sie Einsparungen der lebendigen Arbeit, von Kosten, die Erhöhung der Exportrentabilität oder Qualitätsforderungen zum Inhalt haben.

Gute Ergebnisse bei der Festlegung solcher Vorgaben wurden dort erreicht, wo ihnen eine gründliche und allseitige Analyse jener Faktoren vorausging, die das technische und ökonomische Niveau der Erzeugnisse, Verfahren und Technologien bestimmen.

Ein Weg, den ich dabei für besonders wertvoll halte, ist der Vergleich mit

Produkten und Technologien anderer Länder. Er ist gut geeignet, um zu qualitativen Kennziffern für die Planung zu gelangen.

Die richtige *ökonomische* Orientierung der wissenschaftlich-technischen Arbeit berührt in erster Linie die Verantwortung der Leiter in den Betrieben und Kombinaten.

Niemand kann besser als sie beurteilen, wo die dringendsten Effektivitätsprobleme in ihrem Bereich liegen und in welchem Maße sie das ökonomische Ergebnis beeinflussen.

Ohne ihre zielstrebige Einflußnahme kann die erforderliche Qualität der ökonomischen Vorgaben für Forschung und Entwicklung nicht erreicht werden.

Außer Zweifel steht, daß neben den Aufgaben, die zur Verbesserung von Erzeugnissen, Verfahren und Technologien heute gelöst werden müssen, wissenschaftlicher Vorlauf für die Befriedigung der zukünftigen gesellschaftlichen Bedürfnisse zu schaffen ist.

Daraus resultiert die Förderung der Grundlagenforschung durch Parteiführung und Regierung.

Durch die Grundlagenforschung wird immer tiefer in die Vorgänge der Natur eingedrungen, werden neue Eigenschaften der Materie entdeckt und Möglichkeiten für ihre Nutzung erschlossen. Erhöhung der Effektivität der gesellschaftlichen Arbeit durch Wissenschaft und Technik heißt deshalb nicht Einschränkung der Grundlagenforschung.

Sie kann und darf sich auch nicht auf die Arbeiten an der Akademie der Wissenschaften und im Hochschulwesen beschränken, obwohl selbstverständlich beide eine hohe Verantwortung für die Grundlagenforschung tragen.

Es gibt Industriezweige, in denen das nicht ausreichend gesehen und beachtet wird. Der Anteil der Hoch- und Fachschulkader, die für Aufgaben der Grundlagenforschung eingesetzt sind, ist 1973 beispielsweise im Bereich der chemischen Industrie und im Bauwesen zurückgegangen.

Gewiß kann man nicht ohne weiteres sagen, wie hoch der Anteil für die Grundlagenforschung in den einzelnen Bereichen wirklich sein muß.

Sicher ist jedoch, daß ein starker Rückgang Tendenzen einer Unterschätzung der Grundlagenforschung sichtbar werden läßt. Wird das geduldet, werden theoretische Grundlagen für die Beherrschung neuer Verfahren und Technologien nicht oder nicht rechtzeitig zur Verfügung stehen.

Auch in der Grundlagenforschung sind die Forderungen nach höherer volkswirtschaftlicher Effektivität der Maßstab, an dem die erbrachten Leistungen zu messen sind.

Ihre Ziele müssen mit den gesellschaftlichen Erfordernissen übereinstimmen.

Nutzungsorientiertes Denken und Handeln muß auf allen Gebieten der Grundlagenforschung verlangt werden.

Es versteht sich, daß dies nicht in einem zu engen Sinne aufzufassen ist. Nicht immer sind Probleme zu lösen, die unmittelbar produktionswirksam werden.

Auch die Erweiterung unserer Kenntnisse über die Natur, die Vertiefung unseres materialistischen Weltbildes, wie sie aus den Erkenntnissen auf dem Gebiet der Astrophysik und Hochenergiephysik erwachsen, ist für den wissenschaftlichen Fortschritt bedeutsam.

Darüber hinaus bewirken beispielsweise die Anforderungen der Hochenergiephysik die beschleunigte Lösung konkreter technischer Probleme, so zur automatischen Verarbeitung von Meßdaten, zur Ultrahochvakuumtechnik u. a.

Geduld, Weitsicht und nicht selten eine vernünftige Risikobereitschaft müssen deshalb die Haltung zur Grundlagenforschung bestimmen.

Wie das in der Leitung, Planung und ökonomischen Stimulierung immer am zweckmäßigsten zu berücksichtigen ist, bedarf weiterer Überlegungen.

Eine anhaltende Beschleunigung des wissenschaftlich-technischen Fortschritts setzt voraus, daß er sich in allen Planteilen der Kombinate und Betriebe widerspiegelt.

Weiterentwickelte und neue Erzeugnisse, effektivere Verfahren und rationellere Technologien haben Veränderungen des Werkstoffsortiments, neue Anforderungen an Produktionsmittel, an die Qualifikation der Werktätigen und anderes mehr zur Folge.

In der Leitung und Planung der Zweige und Bereiche ist deshalb der notwendigen Übereinstimmung zwischen dem Plan Wissenschaft und Technik, dem Produktionsplan, dem Arbeitskräfteplan, dem Absatzplan, dem Investitionsplan besser Rechnung zu tragen.

Ein Problem, dessen Lösung uns dabei auf den Nägeln brennt, ist die richtige Erfassung des Zusammenhanges zwischen den Aufgaben in Wissenschaft und Technik und den Investitionen.

Analysen der Forschungsstelle beim Ministerium für Wissenschaft und Technik zeigen, daß den Verbindungen beispielsweise zwischen den Mechanisierungs- und Automatisierungsvorhaben und den wissenschaftlich-technischen Vorleistungen noch mehr Aufmerksamkeit zu schenken ist.

Die effektive Verwertung von Forschungs- und Entwicklungsergebnissen stellt wachsende Anforderungen an die Planung der dazu notwendigen bzw. möglichen materiell-technischen Leistungen und der Termine.

Die bessere Erfassung der Beziehungen zwischen Forschung, Entwicklung und Investitionen, die oft weit vorausschauend erfolgen muß, hat sowohl große Bedeutung für die Effektivität der wissenschaftlich-technischen Arbeit als auch für eine rationelle Grundfondswirtschaft.

In den Betrieben sind gründliche Überlegungen zu technischen und organisatorischen Maßnahmen erforderlich, die neben den Ergebnissen aus Forschung und Entwicklung für neue Erzeugnisse oder grundsätzlich veränderte Technologien wirksam werden müssen.

Sie müssen konkret abrechenbar und unmittelbar mit den Effektivitätszielen der Betriebe gekoppelt sein.

Die planmäßige Erfassung und Realisierung dieser Maßnahmen ist ein wichtiger Schritt, um den Beitrag von Wissenschaft und Technik zur allseitigen Erfüllung bzw. Übererfüllung der betrieblichen Planaufgaben zu erhöhen.

Der Plan der technischen und organisatorischen Maßnahmen muß im einzelnen die Festlegungen für Rationalisierungsarbeiten enthalten und die durch sie erreichbaren Einsparungen an Arbeitszeit oder Kosten.

Er muß ausweisen, wie die Arbeitsbedingungen verbessert werden, wie Verlustzeiten zu senken sind und Material einzusparen ist.

Auch für die weitere Verbesserung der Qualität der Produktion, die Senkung der Ausschuß-, Nacharbeits- und Garantiekosten wird die Planung von technischen und organisatorischen Maßnahmen bedeutsam sein.

Gegenwärtig arbeiten nur einzelne Betriebe gründlich mit Plänen der technischen und organisatorischen Maßnahmen.

Die Erfahrungen, die bisher bei der Planung technischer und organisatorischer Maßnahmen gewonnen wurden, sind schnell zu nutzen und zu verallgemeinern.

Das wird helfen, den wissenschaftlich-technischen Fortschritt nicht nur auf einigen Gebieten, sondern entsprechend den Beschlüssen der Partei in der ganzen Breite durchzusetzen.

Der VIII. Parteitag stellte bekanntlich die Aufgabe, zur langfristigen Planung der Volkswirtschaft überzugehen. Daraus erwachsen Forderungen an die Vervollkommnung der Planung von Wissenschaft und Technik.

Für die Festlegung langfristiger Forschungsrichtungen wurden Plankonsultationen mit der UdSSR und den anderen RGW-Ländern aufgenommen.

Die Partnerministerien der DDR und der UdSSR stimmen die wissenschaftlich-technischen Aufgaben für den nächsten Fünfjahrplan ab.

Die 15. Tagung der Ständigen Unterkommission für wissenschaftlich-technische Zusammenarbeit DDR/UdSSR konnte feststellen, daß sich diese Arbeiten gut entwickelt haben.

Auf Beschluß der Parteiführung und Regierung wird eine Konzeption der Entwicklung von Naturwissenschaft und Technik bis 1990 erarbeitet.

Die Akademie der Wissenschaften und das Hochschulwesen werden einen Plan zur langfristigen Entwicklung der naturwissenschaftlichen und mathematischen Grundlagenforschung vorlegen.

Diese Ausarbeitungen sollen zeigen, wie Wissenschaft und Technik in unserem Land zur Entwicklung der sozialistischen Gesellschaft bis 1990, zu Fortschritten im sozialen Leben und dem dazu erforderlichen Leistungszuwachs der Volkswirtschaft beitragen können.

Ein Problem wird in diesem Zusammenhang sein, die einzelnen Hauptrichtungen des wissenschaftlich-technischen Fortschritts zu bewerten.

Von besonderer Bedeutung ist, wie der volkswirtschaftliche Stellenwert möglicher Strukturveränderungen, die ihren Ausgangspunkt in der wissenschaftlich-technischen Revolution haben und in den Ausarbeitungen vorgezeichnet werden, ermittelt werden kann.

Das wird sich sicher bei Fragen der Energieversorgung als relativ einfach erweisen, hingegen kompliziert sein bei der Einschätzung der Nutzung der EDV bzw. der Automatisierung von Leitungsprozessen, um ein Beispiel zu nennen.

Nachdenkenswert erscheint mir auch, wie die Elastizität erreicht wird, die ein langfristiger Plan aufweisen muß, damit er ständig neuen Erkenntnissen angepaßt werden kann.

In enger Verbindung zur langfristigen Planung steht die prognostische Arbeit.

Sie ist unentbehrlich, um aussichtsreiche Entwicklungsrichtungen von Wissenschaft und Technik aufzudecken.

Allerdings muß sie mit wissenschaftlicher Exaktheit und einem Blick für volkswirtschaftliche Realitäten betrieben werden, damit sie den Ansprüchen der Planung genügt.

Was nicht nützt, ist Prognosearbeit, die wirklichkeitsfremde Ziele setzt, die Möglichkeiten der Entwicklung übertreibt, die Realisierungsfragen verniedlicht oder die ökonomischen Probleme außer acht läßt.

Ausgehend vom VIII. Parteitag wurden Veränderungen in der prognostischen Arbeit vorgenommen, die solche Mängel ausschalten sollen.

Von Arbeitsgruppen des Forschungsrates, der Akademie der Wissenschaften und in gemeinsamer Arbeit mit der UdSSR wurden in jüngster Zeit prognostische Einschätzungen für ausgewählte Hauptrichtungen des wissenschaftlich-technischen Fortschritts erarbeitet.

Bereits die Aufgabenstellungen für diese Arbeiten wurden gemeinsam mit den Nutzern, d. h. der Staatlichen Plankommission und den zentralen Staatsorganen, festgelegt und während der Arbeiten Konsultationen und Beratungen durchgeführt.

Die an der Ausarbeitung der Prognosen beteiligten Wissenschaftler haben sich bemüht, die ihnen gegebenen Möglichkeiten zur Erkenntnisgewinnung auszuschöpfen.

Aus der Arbeit resultieren aufschlußreiche Vorschläge und Schlußfolgerungen für die Forschung und Entwicklung. Dennoch wird die Umsetzung der prognostischen Aussagen in die langfristige Planung der Industriezweige noch nicht genügend beherrscht.

Es ist daher als besonders dringend anzusehen, die Fragen der Umsetzung prognostischer Erkenntnisse konzentriert zu untersuchen und einer praxiswirksamen Lösung zuzuführen.

Dem Rat für ökonomische Fragen des wissenschaftlich-technischen Fortschritts kommt eine bedeutende Rolle bei der Durchführung und Koordinierung der Forschungsarbeiten zu Fragen der Leitung, Planung, Organisation und ökonomischen Stimulierung des wissenschaftlich-technischen Fortschritts zu.

Er soll die Orientierung der Forschungsarbeiten auf jene Probleme mit sichern helfen, die zur organischen Verbindung der Errungenschaften der wissenschaftlich-technischen Revolution mit den Vorzügen des Sozialismus konkret gelöst werden müssen.

Auf der Basis des Marxismus-Leninismus sollte der Rat den schöpferischen Meinungsstreit zu den theoretischen Grundfragen der Nutzung des wissenschaftlich-technischen Fortschritts pflegen.

Er wird gewiß auch zur anschaulichen und überzeugenden Darstellung der Bedeutung des wissenschaftlich-technischen Fortschritts für unser Land Wesentliches leisten.

Praxisnahes Wirken bei hohem theoretischen Niveau muß die Arbeit des Rates kennzeichnen, weil nur auf eine solche Weise von der wirtschaftswissenschaftlichen Forschung die Impulse ausgehen, die bei der Meisterung der vor uns stehenden Aufgaben voranbringen.

In der kurzen Auswahl der hier genannten Probleme wurde sichtbar, daß der Rat in engem Zusammenwirken mit bereits bestehenden Gremien, insbesondere auf dem Gebiet der Politischen Ökonomie, der sozialistischen ökonomischen Integration und der wirtschaftlichen Rechnungsführung handeln muß.

Zu einer erfolgreichen Arbeit des Rates gehört auch, die Auswertung der Erfahrungen der UdSSR und der anderen Länder des RGW bei der Durchsetzung des wissenschaftlich-technischen Fortschritts zu organisieren.

Die direkte Zusammenarbeit mit den sowjetischen Wirtschaftswissenschaftlern und den in den anderen sozialistischen Ländern auf diesem Gebiet Tätigen weiter zu entwickeln, wird dabei von großem Nutzen sein.

Allen, die in diesen Rat berufen werden, viel Erfolg in der wissenschaftlichen Arbeit zum Nutzen unserer sozialistischen Republik!

H. Kusicka

Zu den Aufgaben, der Arbeitsweise und den Forsungskomplexen des Wissenschaftlichen Rates für ökonomische Fragen des wissenschaftlich-technischen Fortschritts

Ich möchte zunächst im Namen aller berufenen Mitglieder des Wissenschaftlichen Rates für ökonomische Fragen des wissenschaftlich-technischen Fortschritts für das Vertrauen danken, das uns mit dieser Berufung ausgesprochen worden ist. Wir sehen in dieser Berufung einen hohen gesellschaftlichen Auftrag und Anspruch an die Arbeit dieses Rates.

Unsere Partei und Regierung mißt dem wissenschaftlich-technischen Fortschritt als bestimmenden Faktor der Intensivierung und Hauptquell zur Steigerung der Arbeitsproduktivität bei der Erfüllung der Hauptaufgabe des VIII. Parteitages einen hohen Rang bei. Das ist unserem Rat und allen seinen Mitgliedern Verpflichtung, einen aktiven Beitrag zu leisten, um den wissenschaftlich-technischen Fortschritt in der Volkswirtschaft, in den Betrieben und Kombinaten noch stärker zum Durchbruch zu verhelfen. Wissenschaft und Technik immer wirksamer für eine hohe Effektivität der gesellschaftlichen Arbeit bei der Erfüllung der Planaufgaben 1974/1975 und der künftigen Effektivitätsziele zu nutzen.

Ich möchte deshalb vor allem Genossen Dr. Weiz recht herzlich danken für seine grundlegenden Ausführungen und Orientierungen, die eine wertvolle Hilfe für die Arbeit unseres Rates darstellen. Wir betrachten sie als die Aufgaben und Probleme, auf die sich unsere Arbeit in der nächsten Zeit vorrangig konzentrieren wird.

Gestatten Sie mir, daß ich davon ausgehend, die wichtigsten Schwerpunkte der Forschung und der Arbeit des Rates kurz skizziere.

Unser Rat – der als Organ des Wissenschaftlichen Rates für die wirtschaftswissenschaftliche Forschung bei der Akademie der Wissenschaften der DDR tätig ist – hat vor allem die Aufgabe,
anwendungsbereite Erkenntnisse und wissenschaftlichen Vorlauf zur Vervollkommnung der Leitung, Planung und ökonomischen Stimulierung des wissenschaftlich-technischen Fortschritts zu erarbeiten.

Darin besteht die spezifische Funktion unseres Rates. Mit seiner Arbeit und seinen Ergebnissen muß er insbesondere dazu beitragen, die von der Partei gestellte Aufgabe verwirklichen zu helfen, daß

- die wissenschaftlich-technische Arbeit von heute so genau wie möglich auf die Erfordernisse der Produktion und ihrer Effektivität in den kommenden Jahren ausgerichtet wird und
- unser langfristiges ökonomisches Wachstum von einer durchgreifenden und anhaltenden Beschleunigung der wissenschaftlich-technischen Entwicklung getragen und auf dieser Grundlage die Hauptaufgabe bei wachsender Ergiebigkeit der gesellschaftlichen Arbeit erfüllt wird.

Dazu ist unserem Rat die einheitliche wissenschaftliche Leitung und Koordinierung der wirtschaftswissenschaftlichen Forschung zu Fragen des wissenschaftlich-technischen Fortschritts übertragen. Er stützt sich in seiner Arbeit auf die im Rat vertretenen Forschungseinrichtungen bzw. bestimmte Forschungsgruppen und arbeitet eng mit den anderen Hauptgebietsräten der wirtschaftswissenschaftlichen Forschung, insbesondere mit dem Rat für Politische Ökonomie des Sozialismus zusammen.

Eine besondere Verantwortung trägt unser Rat hinsichtlich seiner Verbindung und unmittelbaren Zusammenarbeit mit Vertretern der naturwissenschaftlich-technischen Forschung und mit wirtschaftsleitenden Organen. Ohne diese Verbindung und Zusammenarbeit ist gerade auf unserem Gebiet der Vervollkommnung der Leitung, Planung und ökonomischen Stimulierung des wissenschaftlich-technischen Fortschritts keine praxiswirksame Arbeit zu leisten. Deshalb sind in unserem Rat sowohl Gesellschafts- und Naturwissenschaftler vertreten als auch leitende Kader aus Kombinaten und Forschungseinrichtungen der Industrie und des Bauwesens sowie verantwortliche Wirtschaftsfunktionäre aus den zentralen Staatsorganen.

Darüber hinaus werden wir in der Arbeit engen Kontakt zu den naturwissenschaftlich-technischen Bereichen der Akademie der Wissenschaften der DDR und des Hochschulwesens, der Forschungseinrichtungen der Industrie sowie zum Forschungsrat der DDR halten und zu unseren Ratstagungen Gäste aus diesen Bereichen einladen.

Ich glaube, diese Zusammensetzung unseres Rates sowie die Verbindung zur naturwissenschaftlich-technischen Forschung ist eine gute Gewähr, in der gesamten Arbeit die Behandlung von Grundfragen des wissenschaftlich-technischen Fortschritts und von Problemen zu sichern, die für die praktische Führungstätigkeit auf dem Gebiet der Leitung, Planung und ökonomischen Stimulierung des wissenschaftlich-technischen Fortschritts unmittelbar nützlich und erforderlich sind.

Unsere Arbeit ist längerfristig angelegt und zu den Aufgaben für die Jahre 1976 bis 1980 sowie zur gegenwärtigen Arbeit des Rates werden wir bereits im nächsten Monat eine Ratstagung durchführen. Wir werden uns auf 4 Forschungskomplexe konzentrieren:

1. Grundfragen der organischen Verbindung der Errungenschaften der wissenschaftlich-technischen Revolution mit den Vorzügen des Sozialismus, des Zusammenschlusses der Wissenschaft mit der Produktion und der technischen Politik des sozialistischen Staates.
2. Vervollkommnung der Leitung, Planung und ökonomischen Stimulierung des wissenschaftlich-technischen Fortschritts.
3. Hauptrichtungen der Rationalisierung in den wissenschaftlich-technischen Bereichen.
4. Erhöhung der Leistungbereitschaft und Entwicklung einer schöpferischen Arbeitsatmosphäre in den wissenschaftlich-technischen Bereichen sowie Weiterentwicklung der Gemeinschaftsarbeit zwischen Arbeiterklasse und Intelligenz.

Von welchen grundlegenden Ausgangspunkten werden wir bei den praktischen Untersuchungen, theoretischen Verallgemeinerungen und auszuarbeitenden Lösungsrichtungen und Vorschlägen ausgehen?

Ich möchte hier vor allem folgendes hervorheben:

Erstens muß in unserer gesamten Arbeit durchgängig und überzeugend zum Ausdruck kommen, daß die Beschleunigung des wissenschaftlich-technischen Fortschritts ein Hauptkampffeld in der Klassenauseinandersetzung mit dem Imperialismus ist. Von besonderer Bedeutung ist in diesem Zusammenhang, daß sich die grundlegende, revolutionäre Umgestaltung der gesellschaftlichen Beziehungen, d. h. der Übergang der Menschheit vom Kapitalismus zum Sozialismus/Kommunismus unter den Bedingungen der sich immer mehr entfaltenden und beschleunigenden wissenschaftlich-technischen Revolution vollzieht. Das in der vergangenen Woche beendete internationale Symposium von über 700 Wissenschaftlern und Spezialisten der Mitgliedsländer des RGW und der Sozialistischen Förderativen Republik Jugoslawien zum Thema „Wissenschaftlich-technische Revolution und sozialer Fortschritt“ hat eindeutig belegt: Die wissenschaftlich-technische Revolution ist nicht vordergründig eine Frage der Länge des Zeitraums, in dem sie verwirklicht wird. Sie kann auch nicht auf einzelne wissenschaftliche oder technische Erfindungen und Neuerungen reduziert werden, sie betrifft vielmehr die Produktivkraftentwicklung des Sozialismus und seiner sozialen Beziehungen in ihrer Gesamtheit in Bezug auf die Überlegenheit des Sozialismus gegenüber dem Kapitalismus. Letztlich geht es also bei der Meisterung der wissenschaftlich-technischen Revolution um die von Lenin herausgearbeitete Grundfrage, daß das Wichtigste, das Ausschlaggebende für den Sieg der neuen Gesellschaft, die höhere Effektivität der gesellschaftlichen Arbeit, die höhere Arbeitsproduktivität ist.

Herauszuarbeiten, daß in dieser Klassenauseinandersetzung mit dem Imperialismus unsere Gesellschaftsordnung die grundsätzlich bessere Position inne hat und nur der Marxismus-Leninismus die Rolle von Wissenschaft und Technik richtig in den gesellschaftlichen Entwicklungsprozeß einzuordnen vermag, wird und muß ein wichtiges Anliegen unserer Arbeit sein.

Zweitens – und das ist mit dem eben gesagten eng verbunden – geht unsere gesamte Arbeit davon aus, daß die Erfüllung der Hauptaufgabe des VIII. Parteitages steigende Anforderungen der entwickelten sozialistischen Gesellschaft vor allem an die Effektivität der gesellschaftlichen Arbeit und damit an die Beschleunigung des wissenschaftlich-technischen Fortschritts stellt. Eine der wichtigsten Bedingungen dafür und für die organische Verbindung der Errungenschaften der wissenschaftlich-technischen Revolution mit den Vorzügen des Sozialismus ist die weitere Vertiefung der sozialistischen ökonomischen Integration. Auf dem schon erwähnten Symposium wurde nachdrücklich herausgearbeitet, daß die wissenschaftlich-technische Revolution insgesamt von der sozialistischen Staatengemeinschaft als Ganzes bewältigt werden muß, daß sie also sowohl neue Anforderungen an den Integrationsprozeß der sozialistischen Staaten stellt als auch durch diesen selbst beschleunigt wird.

Drittens ist an unseren Rat die Aufgabe gestellt, einen Beitrag zur tieferen Erforschung der konkreten Wirkungsbedingungen der ökonomischen Gesetze in der entwickelten sozialistischen Gesellschaft zu leisten, vor allem durch fundierte Analysen und Schlußfolgerungen für die Gestaltung der Wirtschaft durch Vervollkommnung der Leitung, Planung und ökonomischen Stimulierung des wissenschaftlich-technischen Fortschritts. In diesem Zusammenhang ist es von besonderem Gewicht – wie es Dr. Weiz schon dargelegt hat –, daß sowohl die Tragweite des wissenschaftlich-technischen Fortschritts für unser langfristig stabiles Wachstumstempo und für die Steigerung der Arbeitsproduktivität zwingender in der Wirtschaftstätigkeit der Betriebe, Kombinate und Zweige spürbar wird als auch die Erfordernisse der Wirtschaft nach höherer Effektivität noch stärker Eingang in die Arbeit der wissenschaftlichen Einrichtungen finden, einen wichtigen Ausgangspunkt ihrer gesamten Tätigkeit bilden.

Über solche Grundfragen der Arbeit muß sich unser Rat verständigen, damit von ihm wirksame Impulse und Orientierungen ausgehen. Um diesen Anforderungen zu entsprechen, ist eine solide Untersuchung der gesellschaftlichen Praxis der DDR, eine gründliche Auswertung der Werke der Klassiker des Marxismus-Leninismus, der Beschlüsse der KPdSU, unserer Partei und anderer kommunistischer und Arbeiterparteien, die Auswertung der Ergebnisse der Sowjetwissenschaft und der Wissenschaft anderer sozialistischer Länder sowie der Erfahrungen der Wirtschaftsreform der UdSSR zu sichern.

Ich möchte heute und hier nicht alle Probleme aufwerfen, die sich um die vorher genannten 4 Forschungsschwerpunkte der Arbeit des Rates gruppieren. Gestatten Sie mir, auf einige wenige Schwerpunkte besonders aufmerksam zu machen:

Zum *ersten* Forschungskomplex:

Diesen werden wir in engem Zusammenwirken und konkreter Abstimmung mit dem Wissenschaftlichen Rat für Politische Ökonomie des Sozialismus bearbeiten. Hier besteht die Aufgabe vor allem in der Erarbeitung wissenschaftlicher Grundlagen, die die Aufgaben und Wege zeigen, wie die organische Verbindung der Errungenschaften der wissenschaftlich-technischen Revolution mit den Vorzügen des Sozialismus immer besser und wirkungsvoller gesichert wird.

Hauptfragen der Forschung sind vor allem:

1. Die Verwirklichung der wissenschaftlich-technischen Revolution als untrennbarer Bestandteil der Gesamtanstrengungen und Initiativen der Werktätigen unter Führung der Arbeiterklasse und ihrer Partei zur Gestaltung der entwickelten sozialistischen Gesellschaft und zur Erfüllung der vom VIII. Parteitag beschlossenen Hauptaufgabe. Die Einheit zwischen wissenschaftlich-technischem und sozialem Fortschritt. Die Arbeiterklasse als Träger der wissenschaftlich-technischen Revolution. Das Bündnis der Arbeiterklasse mit der Intelligenz.
2. Untersuchung der Wechselbeziehungen zwischen der Intensivierung der gesellschaftlichen Produktion und der Beschleunigung des wissenschaftlich-technischen Fortschritts sowie der wichtigsten Bedingungen für den engen Zusammenschluß von Wissenschaft und Produktion und die sich daraus ergebenden Schlußfolgerungen für die weitere Vervollkommnung der Leitung, Planung und ökonomischen Stimulierung.

Zum *zweiten* Komplex:

Um ihn gruppiert sich ein Hauptteil der gesamten Arbeit des Rates. Hier geht es vor allem darum, konkrete inhaltliche und methodologische Grundlagen für die Leitung und Planung zu erarbeiten. Sie müssen – entsprechend den Beschlüssen der Partei – wirksam beitragen, die wissenschaftlich-technische Arbeit so genau wie möglich auf die künftigen Effektivitätserfordernisse der Produktion auszurichten und sie so in die Tätigkeit der Leitungen auf den verschiedenen Ebenen des gesellschaftlichen Reproduktionsprozesses einzubeziehen, damit Wissenschaft und Technik einen noch höheren Beitrag zur Steigerung der Produktivität der gesellschaftlichen Arbeit leistet.

Hauptfragen der Forschung sind hier vor allem:

1. Die Vervollkommnung der analytischen und prognostischen Arbeit zur Struktur- und Effektivitätsentwicklung des Reproduktionsprozesses sowie zur wissenschaftlich-technischen Entwicklung im Rahmen der langfristigen Planung und der Fünfjahrplanung als Grundlage für die Ableitung von Zielen für die

wissenschaftlich-technische Arbeit und ihr Ausrichten auf die Effektivitätserfordernisse der Produktion.

2. Schaffung von Grundlagen und Vorschlägen zur aussagefähigen Darstellung und Beurteilung der volkswirtschaftlichen Wirksamkeit von Wissenschaft und Technik sowie der Verbindung zwischen Wissenschaft, Technik und Investitionen.
3. Vorschläge, wie die wissenschaftlich-technische Arbeit der Wirtschaft zum festen Bestandteil der Leitungstätigkeit des Reproduktionsprozesses wird und wie durch die Planung eine höhere Komplexität und Kontinuität der Forschung, Entwicklung, Überleitung und eine breite Anwendung der technischen Neuerungen für eine höhere Produktivität gewährleistet werden kann.
4. Herausarbeitung von Vorschlägen, wie eine anhaltende und durchgreifende Beschleunigung des wissenschaftlich-technischen Fortschritts für unser langfristig stabiles Wirtschaftswachstum ökonomisch nachhaltiger stimuliert werden kann.

Zum *dritten* Komplex:

Er hat vor allem die Erarbeitung inhaltlicher und methodologischer Grundlagen zur Intensivierung der Arbeitsprozesse in den wissenschaftlich-technischen Bereichen zum Gegenstand, damit eine höhere Produktivität des wissenschaftlich-technischen Potentials gewährleistet und wirksam zur Verkürzung der Forschungs-, Entwicklungs- und Überleitungszeiten beigetragen wird.

Hauptfragen der Forschung sind vor allem:

1. Schwerpunkte und Hauptschritte der Effektivitätserhöhung in den wissenschaftlich-technischen Bereichen durch Rationalisierung.
2. Analyse und Vorschläge zum Einsatz und zur rationellen Nutzung der Forschungstechnik, insbesondere der elektronischen Datenverarbeitung und Erarbeitung wissenschaftlicher Grundlagen für eine effektive Fondspolitik in Wissenschaft und Technik.
3. Grundlagen zur rationellen Bereitstellung sowie zur Erhöhung der Wirksamkeit der wissenschaftlich-technischen Informationen.

Zum *vierten* Forschungskomplex:

Er ist auf die Erarbeitung von Grundlagen und konkreten Vorschlägen für die Leitung und Planung ausgerichtet, die beitragen, die Bereitschaft der Wissenschaftler, Techniker, Ingenieure, Neuerer und Rationalisatoren weiter zu erhöhen, ihre schöpferische Arbeit an den für die Wirtschaft notwendigen Erkenntnissen zu forcieren und die Meisterschaft zu entwickeln, dieses Wissen rasch und gründlich zu nutzen sowie die Gemeinschaftsarbeit zwischen den Arbeitern und der Intelligenz weiter zu entwickeln.

Hauptfragen der Forschung sind hier vor allem:

1. Vorschläge zur Vervollkommnung der Teilnahme der Wissenschaftler, Inge-

nieure und Arbeiter an der Leitung und Planung des wissenschaftlich-technischen Fortschritts, zur Entwicklung der sozialistischen Gemeinschaftsarbeit und des Wettbewerbs sowie einer schöpferischen Arbeitsatmosphäre in den wissenschaftlich-technischen Bereichen und in den Forschungs-, Entwicklungs- und Überleitungskollektiven.

2. Herausarbeitung von Wegen und Vorschlägen zu einer wirksameren persönlichen, moralischen und materiellen Stimulierung des wissenschaftlich-technischen Fortschritts sowie zur Auswahl, zum Einsatz und zur Entwicklung der wissenschaftlich-technischen Kader.

Diese Forschungskomplexe umfassen natürlich ein großes Programm. Wir werden nicht alle Aufgaben zugleich in der ganzen Breite und Tiefe angehen können. Infolge des zur Verfügung stehenden Potentials und auch der Tatsache, daß die im Rat vertretenen Forschungseinrichtungen spezifische Aufgaben zu erfüllen haben, ist es deshalb besonders wichtig, klug auszuwählen, worauf wir unsere Kraft in den einzelnen Etappen der Arbeit vorrangig konzentrieren, sowie sinnvoll zu koordinieren, abzustimmen und sich gegenseitig zu ergänzen. Aber schon allein die Tatsache, daß unser Rat gegründet und in ihn die Vertreter der wichtigsten Einrichtungen berufen wurden, die auf diesem Gebiet Forschungsarbeit leisten, eröffnet dazu große Möglichkeiten, die es voll zu nutzen gilt.

Entsprechend der Praxis bereits bestehender Räte der wirtschaftswissenschaftlichen Forschung wird unser Rat in der Regel vier- bis fünfmal im Jahr Beratungen durchführen. Auf der Grundlage des noch zu präzisierenden Arbeitsprogramms werden wir auf den Tagungen des Rates wichtige inhaltliche Fragen der Leitung, Planung und ökonomischen Stimulierung beraten, die von Arbeitsgruppen vorbereitet werden, deren Träger die Ratsmitglieder sind, die zu diesen Fragen Forschungsarbeit leisten. Zugleich streben wir an, auf vielfältige Weise die Ratsarbeit zu entwickeln. Durch das Auftreten von Genossen zu ausgewählten Fragen unserer volkswirtschaftlichen und wissenschaftlich-technischen Entwicklung, durch Mitarbeit in Arbeitsgruppen der zentralen Staatsorgane, durch mündliche und schriftliche Informationen der Ratsmitglieder, durch die Leitung des Rates, durch Publikationen und andere Formen, will der Rat seiner ihm übertragenen Aufgabe und Verantwortung gerecht werden.

Abschließend möchte ich unserem heute gebildeten Rat eine erfolgreiche, kollektive Arbeit wünschen. Sie möge getragen sein von einem fruchtbaren wissenschaftlichen Meinungsstreit und zu vielen nutzbaren theoretischen und praktischen Ergebnissen bei der Verwirklichung der Wirtschafts- und Wissenschaftspolitik des VIII. Parteitages führen.

Bei Fragen zur Produktsicherheit wenden Sie sich bitte an:
If you have any questions regarding product safety,
please contact:

Walter de Gruyter GmbH
Genthiner Straße 13
10785 Berlin
productsafety@degruyterbrill.com